Bibliografische Information der Deutschen Nationalbibliothek:

Die Deutsche Bibliothek verzeichnet diese Publikation in der Deutschen Nationalbibliografie; detaillierte bibliografische Daten sind im Internet über http://dnb.d-nb.de/ abrufbar.

Impressum:

Druck und Bindung: Books on Demand GmbH, Norderstedt Germany
ISBN: 9783668723764

Dieses Buch bei GRIN:

https://www.grin.com/document/428446

Sascha Gronau

Klimawandel. Atmosphärische Veränderungen und deren Folgen

GRIN Verlag

Assignment

Klima*2

Klimawandel - Atmosphärische Veränderungen und deren Folgen

Datum der Abgabe: 05.06.2018

Vorname, Name: **Gronau, Sascha**

Olten, 05.06.2018

Inhaltsverzeichnis

Abbildungsverzeichnis

Tabellenverzeichnis

1 Einleitung

1.1 Problemstellung

In diesem Assignment geht es um den Klimawandel und seine Folgen. Es wird dargestellt, was die Klima-aktiven Gase auch bezeichnet als sogenannte Treibhausgase überhaupt sind, welchen Einfluss diese auf die Umwelt haben und welche Lösungsstrategien helfen können den Fortschritt des Klimawandels zu unterbinden.

Dabei wird auf das Problem eingegangen, wie schwierig es gegenwärtig ist, im kollektiv technische Lösungsstrategien umzusetzen.

1.2 Ziel dieser Arbeit

Das Ziel dieser Arbeit soll es sein, einen Einblick in das Thema des Klimawandel zu gewinnen. Des Weiteren sollen verschiedene technische Lösungsstrategien aufgezeigt werden, die den Fortschritt des Klimawandel verringern können. Zudem soll auf die offen sichtbaren und schleichenden “negativen” Veränderungen des Lebensraum eingegangen werden um das Bewusstsein anzuregen im kollektiv gemeinsam gegen die Vernichtung des menschlichen Lebensraum zu streben.

1.3 Aufbau der Arbeit

Kapitel 1 stellt die Einleitung dar. Im Kapitel 2 werden die Grundlagen in Form von Definitionen der verschiedenen Treibhausgase dargestellt. Anschließend werden im Kapitel 3 die Auswirkungen der Klimagase auf die Umwelt aufgezeigt. Innerhalb des Kapitel 4 erfolgen verschiedene technische und wirtschafltiche Lösungsstrategien, welche aufzeigen inwieweit der Klimawandel unterbunden werden kann. Zum Abschluss folgt im Kapitel 5 das Fazit.

2 Grundlagen

In der gegenwärtigen Zeit vergeht kaum ein Tag an dem nicht in den Medien über die Klimaerwärmung und Ihre Folgen für die Erde berichtet wird. Die Verantwortung tragen nach der Meinung der Experten die Klimagase. Momentan entlässt der Mensch weltweit jährlich ca. 30 Milliarden Tonnen Treibhausgase, welche durch Verbrennung fossiler Brennstoffe, Abholzung, intensive Viehzucht, etc. entstehen.[1]

Der Einfluss der Klimagase wird unter anderem als sogenanntes Treibhauspotenzial (CO_2e/g) gemessen, welches eine Masszahl für den relativen Beitrag zum Treibhauseffekt widerspiegelt.

Treibhausgase können sowohl natürlichen Ursprungs sein, wie auch künstlich erzeugt werden. Eine gewisse Menge an natürlichen Treibhausgasen, z. B. Wasserdampf, gewährleistet es, um ein für Lebewesen angenehmes Klima auf der Erde zu halten. Jedoch haben die Mengen an künstlichen Treibhausgasen seit den 1970er Jahren drastisch zugenommen, was nach weit verbreiteter Meinung vermutlich zu einer globalen Erwärmung als deren Ursache angesehen wird, die nicht erwünscht ist.[2]

Zu den bekanntesten zählen die folgenden Klimagase:

2.1 Kohlenstoffdioxid

Zu dem wichtigsten Klimaregulator in der Erdatmosphäre gehört Kohlenstoffdioxid (CO_2). Seit ca. 150 Jahren ist das Gas im Fokus der Forschung.[3] Kohlenstoffdioxid ist ein farb- und geruchloses Gas. Mit einer Konzentration von ca. 0,04 % (derzeit 381 ppm entspr. 0,0381 %) ist es ein natürlicher Bestandteil der Luft. Es entsteht sowohl bei der vollständigen Verbrennung von kohlenstoffhaltigen Substanzen unter ausreichendem Sauerstoff als auch im Organismus von Lebewesen als Stoffwechselprodukt der Zellatmung. Das CO_2 wird dabei über den Atem bei beispielsweise menschlichen Lebewesen abgegeben.[4]

---

[1] Vgl. Welsch/ Schwab/ Liebmann, (2013); S. 367

[2] Vimentis Onlinelexikon, (Stand 2016), o. S.

[3] Vgl. Fischdik/ Görner/ Thomeczek, (Hrsg.), (2015), S. 13

[4] Vgl. chemie.de, (Stand 31.05.2018), o. S.

Als Abfallprodukt entsteht Kohlenstoffdioxid (CO_2) bei der Verbrennung von kohlenstoffhaltigen Brennstoffen, darunter alle fossilen Energieträger. Bei einem gegebenen Energieträger ist die Menge des erzeugten CO_2 direkt von der Menge des Brennstoffs und somit der umgesetzten Energie abhängig.
Die modernen Anlagen und Betriebsverfahren können zwar die im Brennstoff enthaltene Energie besser nutzen als früher, jedoch die Entstehung des Gases nicht verhindern. Diese Produktion beträgt etwa 36 Mrd. Tonnen im Jahr weltweit.[5]

Das relevante Treibhauspotenzial beträgt:

Kohlenstoffdioxid: 1 g CO_2e/g (relatives Treibhauspotenzial)[6]

In der folgenden Tabelle werden die Eigenschaften von CO_2 zusammenfassend dargestellt:

Tabelle 1: Eigenschaften von Kohlenstoffdioxid (CO_2)[7]

Eigenschaften	
Molare Masse	44,0099 g/mol
Aggregatzustand	gasförmig
Dichte	1,9767 $kg \cdot m^{-3}$ (0°C, 1013 mbar)[1]
Schmelzpunkt	–56,6 °C (5,3 bar)[1]
Siedepunkt	–78,5 °C (Sublimation)[1]
Dampfdruck	57,258 bar[1] (20 °C)
Löslichkeit	gut in Wasser[1]

5 Vgl. chemie.de, (Abruf 31.05.2018), o. S.

6 Vgl. Reich/ Reppich, (2013), S. 70

7 Vgl. chemie.de, (Abruf 31.05.2018), o. S.

2.2 Methan

Das Gas Methan (CO_4) ist sowohl ein direkter Infrarotabsorber, als auch ein Ausgangsstoff von Gasen, welche wiederum als Absorber wirken. Wie bei dem im Kapital 2.1 erwähnten Gas Kohlendioxid kann auch bei Methan für die letzten 200.000 Jahre eine enge Korrelation zwischen der Konzentration und der Temperatur durch verschiedene Untersuchungen wie z. B. von Eisbohrkernen eingeschlossener Luft festgestellt werden. Die Quellen von Methan sind natürlich und anthropogen. In den letzten Jahrzehnten wurde ein Anstieg der Konzentration gemessen, welcher die Aktivitäten des Menschen zugeschrieben wird.[8]

Im Allgemeinen ist Methan in Form von Methanhydranten oder Klathraten (Einschlussverbindungen) im Polareis oder in Schichtgesteinen unter Wasser eingeschlossen aufzufinden. Diese sind effektiver für die Erwärmung der Atmosphäre als das CO_2, jedoch um ein vielfaches geringer aufzufinden. Aufgrund dessen hat es auch einen viel geringeren Gesamtbeitrag für den Treibhauseffekt.[9]
Das Vorkommen des CO_4 lag seit dem Jahre 1000 bis zum Jahre 1750 bei durchschnittlich 600 ppm, wiederum durch den Einfluss von den vom Menschen beeinflussten Faktoren wie die Viehwirtschaft, der wachsenden Agrarwirtschaft, sowie dem Abbau von fossilen Brennstoffen wie zum Beispiel Kohle und die immer grösseren Mülldeponien hat sich das Vorkommen seit 1750 um 150 % auf 1745 ppm (Wert von 1998) erhöht. Des Weiteren werden grosse Mengen Methan beispielsweise durch das Schmelzen der Gletscher freigesetzt.

Das relevante Treibhauspotenzial beträgt:

Methan: 21 g CO_2e/g (relatives Treibhauspotenzial)[10]

---

[8] Vgl. Dlugokencky, (1994), o. S.

[9] Vgl. Beck, (2014), S. 9

[10] Vgl. Reich/ Reppich, (2013), S. 70

In der folgenden Tabelle werden die Eigenschaften von Methan zusammenfassend dargestellt:

Tabelle 2: Eigenschaften von Methan (CO_4)[11]

Eigenschaften	
Molare Masse	16,04 $g \cdot mol^{-1}$
Aggregatzustand	gasförmig
Dichte	0,717 $kg \cdot m^{-3}$
Schmelzpunkt	90,7 K
Siedepunkt	111,4 K
Dampfdruck	1470 hPa bei 115,6 K
Löslichkeit	in Wasser kaum (35 $ml \cdot l^{-1}$ bei 17°C), in Ethanol und Diethylether gut löslich [1]

2.3 Distickstoffoxid

Distickstoffoxid (N_2O) welches auch unter den Namen Lachgas bekannt ist, hat eine Verweildauer von ca. 120 Jahren. Zudem ist es das viertwichtigste Klimagas der Atmosphäre und wird ausschliesslich durch Photolyse bzw. durch die Reaktion mit atomarem Sauerstoff in der Stratosphäre abgebaut. Die vorindustrielle Konzentration des Distickstoffoxid betzrug 275 ppm und ist bei einer durchschnittl. Wachstumsrate von 0,8 ppm auf gegenwärtig 320 ppm angewachsen. Nach der Aussage von Heckel stammt der grösste Teil des anthropogen freigesetzten Distickstoffoxides aus dem bakteriellen Abbau von Düngemitteln in vernässten oder verdichteten Böden[12]

Das relevante Treibhauspotenzial beträgt:

Distickstoffoxid: 310 g CO_2e/g (relatives Treibhauspotenzial)[13]

---

[11] Vgl. chemie.de, (Abruf 31.05.2018), o. S.

[12] Vgl. Klose, (2008), S. 25

[13] Vgl. Reich/ Reppich, (2013), S. 70

Abschliessend seien noch die Eigenschaften des Treibhausgas aufgezeigt:

Tabelle 3: Eigenschaften von Distickstoffoxid (N_2O)[14]

	Eigenschaften
Molare Masse	44,01 $g \cdot mol^{-1}$
Aggregatzustand	gasförmig
Dichte	1,85 $kg \cdot m^{-3}$ [1]
Schmelzpunkt	–91 °C [1]
Siedepunkt	–88 °C [1]
Dampfdruck	51 bar [1] (20 °C)
Löslichkeit	1,2 g/l in Wasser [1]

2.4 Fluorkohlenwasserstoffe

Fluorkohlenwasserstoffe, welche weder Brom- noch Cloratome besitzen, spielen überwiegend als Treibhausgase eine Rolle. Es wird zwischen den teilhalogierten Fluorkohlenwasserstoffen (H-FKW) sowie die vollständig halogenierten Fluorkohlenwasserstoffen (FKW) unterschieden. Sind die FKW vollständig fluoriert nennt man diese auch perfluorierte Fluorkohlenwasserstoffe (PFC), d. h. sie erhalten in diesem Zustand keine Wasserstoffatome mehr.[15]

Die relativen Treibhauspotenziale der beiden Gruppen sind:

- H-FKW: 1140 - 11700 g CO_2e/g (relatives Treibhauspotenzial)
- FKW: 6500 - 9200 g CO_2e/g (relatives Treibhauspotenzial)[16]

[14] Vgl. chemie.de, (Abruf 01.06.2018), o. S.

[15] Vgl. Casadesus, (2016), o. S. (Kindleversion)

[16] Vgl. Reich/ Reppich, (2013), S. 70

Im Alltag gebräuchlich sind diese Stoffe als Kühl- und Kältemittel und diversen Reinigungsmitteln.[17]

Abschliessend sei in der folgenden Aufstellung noch die gebräuchlichsten fluorierten Kohlenwasserstoffe gezeigt:

Tabelle 4: fluorierte Kohlenwasserstoffe[18]

Bezeichnung	ASHRAE-Kennung	Summenformel	Siedepunkt	GWP
Tetrafluormethan	R 14	CF_4	-127.8 °C	6500
Trifluormethan	R 23	CHF_3	-82,2 °C	12100
Difluoromethan	R 32	CH_2F_2	-51,7 °C	550
Pentafluorethan	R 125	CF_3CHF_2	- 48,1 °C	3200
1,1,1,2-Tetrafluorethan	R 134a	CF_3CH_2F	-26 °C	1300
1,1,1 Trifluorethan	R 143a	CF_3CH_3	- 47.6 °C	4400

2.5 Schwefelhexafluorid

Das Treibhausgas Schwefelhexafluorid (SF_6) ist mit Abstand das wichtigste Schwefelhalogenid. Es kann direkt aus den Elementen Schwefel und Fluor hergestellt werden. Es ist äusserst reaktionsträge und reagiert im Unterschied zu anderen Schwefelhalogeniden nicht mit Natronlauge und heissem Wasserdampf. Bei Normalbedingungen ist es gasförmig und sublimiert bei -64 °C. Das Klimagas weist eine oktaedrische Idealstruktur auf, das wiederum heisst, dass alle F-S-F Winkel 90° und alle S-F Bindungslängen 156,4 ppm. Aufgrund seiner hohen Gasdichte kann Schwefelhexafluorid ähnlich einer Flüssigkeit in ein Glas gegossen werden.

Eingesetzt wird es wegen seiner isolierenden Eigenschaften und seiner sehr hohen elektrischen Durchschlagsfestigkeit in Hochspannungstransformatoren und -kondensatoren.

---

[17] Vgl. Casadesus, (2016), o. S. (Kindleversion)

[18] Vgl. chemie.de, (Abruf 01.06.2018), o. S.

Schwefelhexafluorid ist mit Abstand das stärkste Treibhausgas mit einem relativen Treibhauspotenzial von:

Schwefelhexafluorid: 23900 g CO_2e/g (relatives Treibhauspotenzial)[19]

Die Eigenschaften vom Schwefelhexafluorid (SF_6) wird im folgenden aufgezeigt:

Tabelle 5: Schwefelhexafluorid (SF_6)[20]

	Eigenschaften
Molare Masse	146,1 $g \cdot mol^{-1}$[1]
Aggregatzustand	gasförmig[1]
Dichte	6,18 $kg \cdot m^{-3}$ (15 °C)[1]
Schmelzpunkt	−51 °C[1]
Siedepunkt	−51 °C (Sublimation)[1]
Dampfdruck	21,5 bar[1] (21 °C)
Löslichkeit	40 mg/l in Wasser[1]

3 Auswirkungen der Klimagase

In diesem Kapitel wird darauf aufgegangen wie sich die Klima- bzw. Treibhausgase auf unsere Umwelt bspw. die Ozonschicht und Biosphäre auswirken und wie diese Auswirkungen mit dem Treibhauseffekt zusammenhängen.

Treibhausgase sind ein natürlicher Bestandteil der Erdatmosphäre, welche dazu beitragen, dass auf der Erde eine durchschnittliche Oberflächentemperatur von 15 °C herrscht. Ohne diese Klimagase würde eine Temperatur von -18 °C. auf der Erde bestehen.[21] Solch eine Temperatur wäre für das menschliche Leben auf der Erde unmöglich.

[19] Vgl. Reich/ Reppich, (2013), S. 70

[20] Vgl. chemie.de, (Abruf 01.06.2018), o. S.

[21] Vgl. Reich/ Reppich, (2013), S. 29

Die Klimagase sind dementsprechend in gewissen Anteilen nicht unerwünscht und lassen die auf der Erdoberfläche einfallende kurzwellige Solarstrahlung weitgehend ungehindert passieren. Die kurzwellige solare Einstrahlung führt zu einer Erwärmung der Erdoberfläche. Die erwärmte Erdoberfläche gibt wiederum Energie in Form von einer langwelligen Wärmestrahlung ab, welche in einem Wellenlängenbereich von ungefähr 3 - 50 µm durch die Treibhausgase in der Atmosphäre teilweise absorbiert wird. Daraus resultiert, dass ein Teil der Wärmestrahlung auf die Erdoberfläche zurückreflektiert.[22] Per Definition spricht man hier vom sogenannten *Treibhauseffekt*.

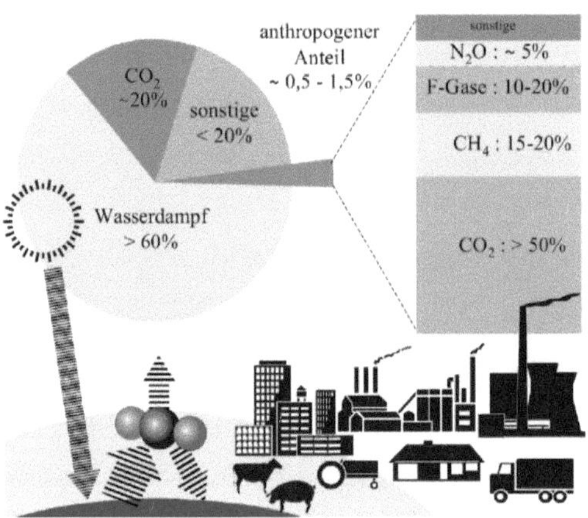

Abbildung 1: Treibhauseffekt[23]

In Abbildung 1 wird dargestellt inwieweit die einzelnen Klimagase sich auf die Umwelt auswirken. Zudem sind die natürlichen und anthropogenen Anteile gewichtet dargestellt.

---

[22] Vgl. Reich/ Reppich, (2013), S. 29

[23] Lucht/ Spanngart (Hrsg), (2005), S. 3

Neben den Treibhausgasen, welche natürlichen Ursprungs entstehen, nimmt der *anthropogene Einfluss*[24] der Klimagase immer mehr zu, welches wiederum zur Folge hat, dass durch die zunehmende Überlagerung der Effekte, globale Klimaprobleme entstehen.[25]

Eines der Klimaprobleme ist der sogenannte Smog wie beispielsweise der...

- *London Smog:* Bildet sich besonders in der kalten Jahreszeit, vorwiegend als mit Schwefeldioxid und Russ beladener Nebel

- *Los Angeles Smog:* entsteht unter dem Einfluss starker Sonneneinstrahlung[26]

Weitere Probleme, welche sich durch die zunehmenden Einfluss des Treibhauseffekt ergeben sind die Ausdehnung der Wüsten, Abschmelzen des Polareises, Anstieg des Meeresspiegels etc.[27]

Der zunehmende Treibhauseffekt hängt vor allem vom Kohlendioxid (ca. 50% Anteil am Treibhauseffekt), Wasserdampf, Methan, Distickstoffoxid, Ozon und Kohlenwasserstoffe ab.[28]

---

[24] *anthropogene Einfluss:* bezeichnet alle direkt oder indirekt verursachtenVeränderungen vom Menschen

[25] Vgl. Reich/ Reppich, (2013), S. 29

[26] Vgl. Scheipers (Hrsg.) /Biese/Bleyer/Bosse, (2002), S.247

[27] Vgl. Scheipers (Hrsg.) /Biese/Bleyer/Bosse, (2002), S.247

[28] Vgl. Scheipers (Hrsg.) /Biese/Bleyer/Bosse, (2002), S.247

Ozonschicht

Ozon besteht aus drei Sauerstoffatomen. Als Rohstoff für seine Produktion steht Sauerstoff zur Verfügung. Bereits der Atmosphären-Sauerstoff dient als UV-Filter. Strahlen mit einer Wellenlänge unterhalb von 240 nm brechen mit Ihrer Energie das Molekül auf. Die entstehenden Sauerstoffatome verbinden sich mit O_2 zu Ozon. Dieses setzt jedoch kurzwellige UV-Strahlung voraus, folglich ist der Aufbau nur unter Einwirkung von Sonnenlicht möglich. UV-Strahlen mit einer entsprechenden Energiemenge können jedoch auch dafür sorgen, dass die Aufspaltung zerfällt, dafür wird eine Wellenlänge der UV-Strahlen von 320 nm benötigt.

Daraus resultiert, dass die Ozonschicht in der Stratosphäre quasi ein Sonnenfilter ist, welcher die Lebewesen auf der Erde vor massiven Strahlungseinwirkungen schützt.[29]

Fluor-Chlor-Kohlenwasserstoffe und weitere chlor- und bromhaltige Rohstoffe gelten als die Ozonkiller Nummer 1, wenn sie in die Ozonschicht gelangen. Diese wurden in Kapitel 2.3 schon erwähnt, als Kältemittel in Kühlschränken oder Treibgas in Spraydosen eingesetzt. Seit 1996 stehen diese aber in den Industriestaaten auf der Verbotsliste.

4 Lösungsstrategien zum Schutz des Lebensraums

Um den sogenannten Treibhauseffekt entgegen zu wirken haben 55 Staaten im Rahmen des Kyoto-Protokolls das Thema auf ihre Agenda genommen und sich verpflichtet im Zeitraum von 2008 - 2012 (Schweiz und weitere Staaten bis 2020) die Reduktionen von Treibhausgasen vorzunehmen. Dieses Protokoll trat am 16.02.2005 in Kraft. Es ist von mehr als 55 Staaten ratifiziert worden, welche 1990 für mindestens 55 Prozent der CO_2-Emissionen der Industrieländer verantwortlich waren (Stand der Ratifikation im April 2016: 192 Staaten).

Es folgten eine Reihe von weiteren Konferenzen, wie Montreal, Bali, Doha (Katar)[30] oder aber auch die Klimakonferenz 2015 in Paris in der als neues Ziel beschlossen wurde, den globalen Anstieg der Temperaturen auf weniger als 2 °C zu begrenzen[31]

---

[29] Willimann/Egli-Broz, (2010), S.58

[30] Vgl. Bundesamt für Umwelt, (Abruf 03.06.2018), o. S.

[31] Vgl. Bundesamt für Umwelt, (Abruf 03.06.2018), o. S.

Um dementsprechend die Reduktion von Treibhausgasen zu minimieren, können folgende technische und wirtschaftliche Lösungsstrategien verwendet werden.

4.1 Erneuerbare Energiequellen

Es werden drei regenerative Primärenergiearten unterschieden:

- die Solarstrahlung
- die geothermische Energie
- die Gezeitenenergie[32]

Tabelle 5: Primärenergiearten[33]

Primärenergieart	Energieart	genutzte physikalische Effekte	Kraftwerkstyp
Solarstrahlung	Solarstrahlung	Strahlungsenergie (Fotovoltaischer Effekt)	Solarzelle, Fotovoltaisches Kraftwerk
		Strahlungsenergie (Thermische Energie)	Solarthermisches Kraftwerk
			Solarkollektor
		Meeresströmung aufgrund von Temperaturunterschieden	Meeresströmungskraftwerk
		Erwärmung der Erdoberfläche	Meereswärmekraftwerk
	Windkraft	Luftströmung	Windkraftanlage
		Wellenbewegung	Wellenkraftwerk
	Wasserkraft	Wasserkreislauf	Wasserkraftwerk
	Biomasse	Biomassewachstum durch Fotosynthese	Biomasseheizkraftwerk, Biogasanlage
Geothermie	Geothermische Energie	Erdwärme in oberflächennahen Schichten	Wärmepumpe
		Erdwärme in tieferen Schichten	Geothermisches Kraftwerk
Gezeitenenergie	Gravitation	Auftreten von Gezeiten	Gezeitenkraftwerk

Die in Tabelle 5 dargestellten Technologien haben verschiedene technologische Reifegrade erreicht und unterscheiden sich demzufolge in ihrer Wirtschaftlichkeit, welche wiederum Auswirkungen auf die Kosten der bereitgestellten Endenergie hat.

Die Vorteile dieser Energiequellen sind unter anderem die unerschöpfliche Verfügbarkeit, sowie die Schonung von fossilen Energieträgern.

---

32 Vgl. Reich/ Reppich, (2013), S. 44

33 Vgl. Reich/ Reppich, (2013), S. 45

Die Nachteile hingegen sind beispielsweise, dass bei einigen Energiequellen ein grosser Bedarf an Fläche zur Verfügung gestellt werden muss. Des weiteren müssen die hohen Investitionskosten bereitgestellt werden.[34] Dies führt in manchen Staaten zu Hindernissen, welche nicht so einfach zu bewältigen sind, da dieser ggf. keine Flächen zur Verfügung hat oder finanziell nicht so stark ist wie andere Staaten sind.

Staaten wie die Schweiz mit ihrem Einspeisungsvergütungssystem haben verschiedene Programme ins Leben gerufen, um die Umsetzung von erneuerbaren Energien zu fördern.

4.2 Emissionshandel

Eine weitere wirtschaftliche Möglichkeit ist der sogenannte Emissionshandel. Der Hauptbestandteil dieses Konzepts ist die Implementierung eines Marktmechanismus in die Regulierung von Umweltproblemen. Zunächst bestimmt der Staat für einen definierten Zeitraum eine bestimmte Höhe von für die Umwelt tolerierbaren Emissionen und emittiert, verschenkt oder versteigert eine entsprechende Anzahl von Emissionsrechten. Dieses Emissionsrecht gewährt dem Inhaber das Recht, eine festgelegte Emission zu tätigen, welche den Verfall bzw. die Abgabepflicht des Rechts an den Staat bewirkt. Die Gesamtheit aller ausgegebenen Emissionsrechte lässt eben genau jene vom Staat für tolerierbar erklärte Gesamtverschmutzung zu und führt damit zu einer Deckelung. Die Rechteinhaber sind dazu befugt, ihre Emissionsrechte frei zu veräußern, so dass ein freier Markt mit einem durch Angebot und Nachfrage determinierten Preis entsteht.[35]

Die oben genannten technischen und wirtschaftlichen Lösungsstrategien sind nur ein Teil bzw. erst der Anfang, um gegen den steigenden Treibhauseffekt vorzugehen. Beispielsweise ist es heutzutage unter anderem auch möglich die Speichertechnologie oder aber auch das Geo-Engineering zu verwenden.

---

[34] Vgl. Reich/ Reppich, (2013), S. 45 - 47

[35] Bemmann, (2013), S. 10

5 Fazit

Nachdem innerhalb dieser wissenschaftlichen Arbeit kompakt dargestellt wurde, welche Bedeutung das Thema Klimawandel in der heutigen Zeit hat, konnte darauf eingegangen werden, was die Ursachen für die beobachtbare Erderwärmung sind und welche technischen und wirtschaftlichen Möglichkeiten eingesetzt werden können, um den Treibhauseffekt zu minimieren.

Zudem wurde gezeigt, dass der Klimawandel konstant voran schreitet. Dies ist beispielsweise an den steigenden Meeresspiegel in Höhe von 20 cm (gemessen von 1980 - 1997) zu erkennen.[36] Zwar konnte durch verschiedene Abkommen, wie zum Beispiel das Kyoto-Protokoll erste Resultate zwischen den einzelnen Industriestaaten erzielt werden, jedoch ist es noch ein weiter, technisch und finanziell aufwendiger Weg, um den Klimawandel zu verlangsamen.

Anhand des unter anderem festgesetzten Ziels bei der Klimakonferenz im Jahr 2015 in Paris (globaler Anstieg der Temperaturen auf weniger als 2 °C zu begrenzen)[37] lässt sich des weiteren ableiten, dass der Klimawandel nicht mehr komplett aufzuhalten ist, sondern lediglich begrenzt werden kann.

Abschliessend betrachtet lässt sich feststellen, dass es nur eine reelle Chance gegen den Klimawandel gibt, wenn die Staaten im kollektiv handeln und dementsprechend gemeinsam gegen den Treibhauseffekt vorgehen. Der Grund dafür liegt beispielsweise in der Grösse der einzelnen Staaten sowie in den unterschiedlichen finanziellen Stärken.

---

[36] Vgl. Beck, (2014), S. 13

[37] Vgl. Bundesamt für Umwelt, (Abruf 03.06.2018), o. S.

Literaturverzeichnis

Beck C.; (2014); Bachelor + Master publishing Verlag; Ursachen und Auswirkungen des Klimawandels - Folgen für die europäische Wirtschaft, S. 9, 13

Bemann A.; (2013), Springer Gabler; Die Behandlung des Emissionshandels in der Handels- und Steuerbilanz - Eine Analyse der IDW- und BMF- Methoden sowie die Entwicklung eines Alternativvorschlags zur Bilanzierung von unentgeltlich erworbenen Emissionsberechtigungen; S. 9

Bundesamt für Umwelt; (Abruf 03.06.2018); Schweizerische Eidgenossenschaft; Stichwörter Kyoto-Protokoll, Klimakonferenz Paris; Im Internet: https://www.bafu.admin.ch/bafu/de/home/themen/klima/fachinformationen/klima--internationales/internationale-klimapolitik--kyoto-protokoll.html

Casadeos J.; (2016); Tredition Verlag; Das Ende der Schöpfung - Band 1 - Die Fakten; o. S. (Kindleversion)

chemie.de; (Abruf: 31.05.2018); chemie.de; Stichworte: Kohlenstoffdioxid, Methan, Distickstoffoxid, Fluorkohlenwasserstoffe, Schwefelhexafluorid); Im Internet: http://www.chemie.de/lexikon/Kohlenstoffdioxid.html

Dlugokencky. E. J. (1994); Geophysical Research Letters; A dramatic decrease in the growth rate of atmospheric methane in the nothern hemisphere; o. S.

Fischdik M., Görner K., Thomeczek M. Hrsg.; (2015); Springer Vieweg; Co2; Abtrennung, Speicherung; Nutzung - Ganzheitliche Bewertung im Bereich von Energiewirtschaft und Industrie; S. 13

Klose B.; (2008); Springer; Meteorologie - Eine interdisziplinäre Einführung in der Physik der Atmosphäre; S. 25

Lucht M. ,Spanngardt G.; (2005); Springer; Emissionshandel .- Ökonomische Prinzipien, rechtliche Regelungen und technische Lösungen für den Klimaschutz; S. 1

Reich G, Reppich M.; (2013) Springer Vieweg; Regenerative Energietechnik - Überblick über ausgewählte Technologien zur nachhaltigen Energieversorgung; S. 29, 44 - 47, 70

Scheipers P. (Hrsg.), Bliese V., Bleyer U., Bosse M.; (2002); Vieweg Verlag; Chemie - Grundlagen, Anwendungen und Versuche aus der Technik, 6. Auflage; S.247

specktrum.de (Abruf: 03.06.2018); specktrum.de ; Lexikon der Geowissenschaften, Stichwort: anthropogen; Im Internet: https://www.spektrum.de/lexikon/geowissenschaften/anthropogene-einfluesse/776

Vimentis Onlinelexikon; (Abruf 17.03.2016), Vimentis; Stichwort: Treibausgase; Im Internet: https://www.vimentis.ch/d/lexikon/101/Treibhausgase.html

Welsch N., Schwab J., Liebmann Chr. C.; (2013) Springer-Verlag; Materie, Erde Wasser Luft und Feuer; S. 367

Willimann I., Brotz-Egli H.; (2010); Compendio Bildungsmedien; Ökologie - Einführungen in die Wechselwirkungen zwischen Mensch und Natur; 2. Auflage; S. 58, 59